你想不到的 动物搭档 ①

[英]索菲·科里根　著绘

李艳　译

GUANGXI NORMAL UNIVERSITY PRESS

广西师范大学出版社

·桂林·

NI XIANGBUDAO DE DONGWU DADANG
你想不到的动物搭档

出版统筹：汤文辉　　　　　　　责任编辑：戚　浩
品牌总监：张少敏　　　　　　　助理编辑：王丽杰
版权联络：郭晓晨　张立飞　　　美术编辑：刘淑媛
责任技编：郭　鹏　　　　　　　营销编辑：张　建

著作权合同登记号桂图登字：20-2023-187 号

图书在版编目（CIP）数据

你想不到的动物搭档：全 3 册/（英）索菲·科里根著绘；李艳译. --桂林：
广西师范大学出版社，2024.2
（神秘岛. 奇趣探索号）
书名原文：Animal BFFs
ISBN 978-7-5598-6463-5

Ⅰ．①你… Ⅱ．①索… ②李… Ⅲ．①动物－少儿读物 Ⅳ．①Q95-49

中国国家版本馆 CIP 数据核字（2023）第 197896 号

广西师范大学出版社出版发行

（广西桂林市五里店路 9 号　邮政编码：541004　）
（网址：http://www.bbtpress.com　　　　　　　　　）
出版人：黄轩庄
全国新华书店经销
北京利丰雅高长城印刷有限公司印刷
（北京市通州区科创东二街 3 号院 3 号楼 1 至 2 层 101　邮政编码：101111）
开本：787 mm × 1 092 mm　1/16
印张：11.25　　字数：150 千
2024 年 2 月第 1 版　　2024 年 2 月第 1 次印刷
定价：88.00 元（全 3 册）

如发现印装质量问题，影响阅读，请与出版社发行部门联系调换。

目 录

你好，朋友！

真高兴你能来。

我们正在聊动物之间的关系是怎么让地球生态系统运转的。

在动物王国中，有着你想不到的各种奇妙关系！例如……

白鹭有时会搭水牛的顺风车，在给水牛除虫时还能提醒它们即将到来的危险。

金豺会提醒老虎猎物出现，但是老虎不会主动送给金豺任何东西。

布谷鸟不是请求篱雀照顾它的蛋，而是把蛋偷偷放进篱雀的巢。

你知道吗？不管是相同物种，还是不同物种，它们之间都有许多隐秘的甚至看似不太可能存在的关系哟！

我们是动物王国里的铁杆好友！

我们是动物王国里的利用者与被利用者！

我们是动物王国里天生的敌人。

动物中的铁杆好友

我们永远是 最好的朋友!

欢迎登上动物们的友谊小船!

在这一节中，你会了解有些动物的关系为什么如此亲密，它们为对方做了什么，它们的友谊如何给各自的生活带来好处。

大家快来，搭便车啦!

斑马和鸵鸟

捉迷藏怎么这么难呀!

我来啦,你准备好了吗?

鸵鸟妹妹藏在哪里了呢?

四处搜寻的斑马姐姐

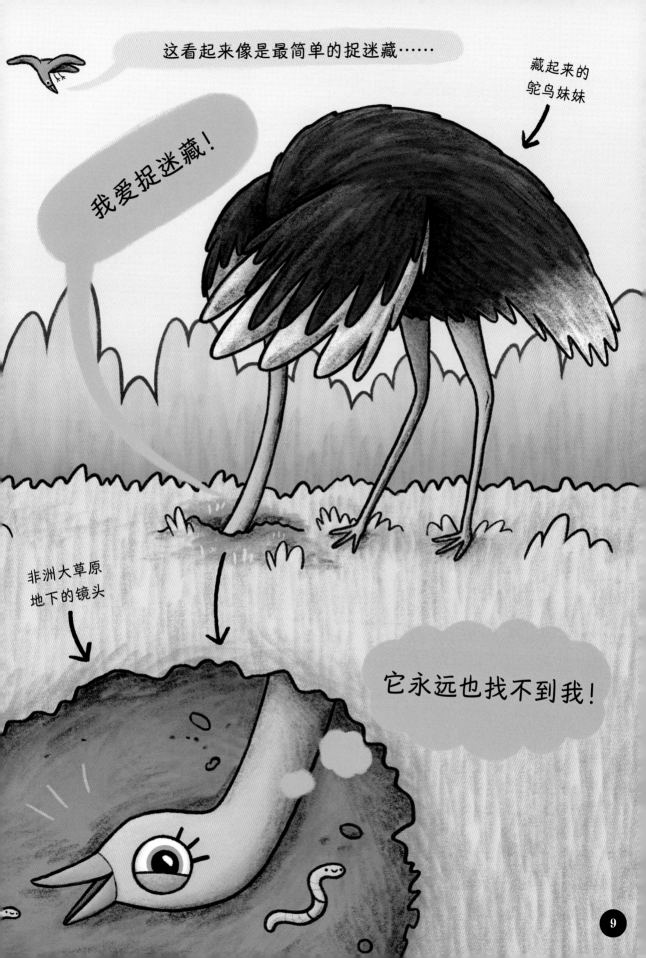

虽然斑马和鸵鸟不会在一起玩捉迷藏，
但是它们会告诉对方什么时候该跑，
往哪里跑可以躲避危险！

大眼睛更能
看清捕食者

我的听觉和嗅觉很灵敏。
我的视力也不错，不过比起
鸵鸟妹妹还是差了点儿。

我的视力可好啦！即使
捕食者在很远的地方，
我也能看到它！我会告
诉斑马姐姐什么时候往
安全地带跑。

我们的关系是
互惠互利的！

我的耳朵更容易
听到危险的声音

我也会为鸵鸟妹妹做同样的事，
当我听到捕食者的声音或闻到捕
食者的气息，我会大声叫喊！

有趣的事实

* 斑马和鸵鸟在大草原上一起吃草会让双方更安全——两个物种都受益于对方的高度敏感，双方可以通过快速感知捕食者来躲避危险。

* 数量越多越安全——斑马和鸵鸟都是群居动物，它们会成群结队地待在一起。俗话说："人多力量大。"在动物王国，一起望风的朋友越多越好！

* 比起马的耳朵，斑马的耳朵更大、更圆，并且可灵活地前后转动。而鸵鸟则是眼睛非常大，比地球上所有陆地哺乳动物的眼睛都大！它们的眼睛直径大约有5厘米，重量比它们的大脑还重呢！

我们喜欢一起吃草，一起闲逛，一起放松，因为我们得互相依靠。

俗话说得好："三个臭皮匠，赛过诸葛亮。"

白鹭和水牛

实际上，白鹭不会和水牛一起健身，但白鹭能让水牛<u>保持健康</u>！

像我这样的水牛需要定期清理皮毛，清除那些讨厌的、令我痒痒的虫子。

讨厌的苍蝇是白鹭的美味零食

幸运的是，我们喜欢吃虫子，很乐意做这项工作！

布满虫子的皮毛

当我们懒得动的时候，落在你的背上搭便车是很好的出行方式。

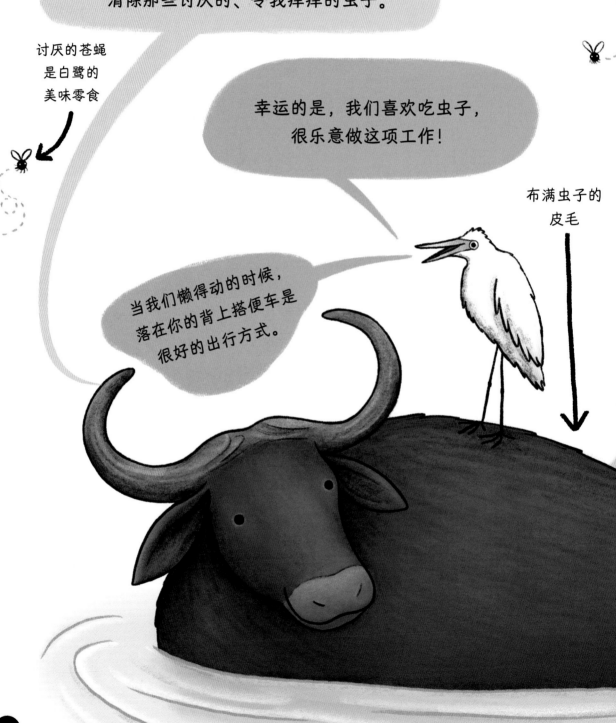

有趣的事实

* 白鹭站在水牛身上吃它皮毛上的苍蝇等虫子。白鹭和水牛的关系对它们双方都有好处——水牛可以摆脱苍蝇等虫子的骚扰，还能依赖白鹭的广阔视角避开危险，白鹭则可以吃到美味的点心！

* 白鹭还可以获得额外的好处。当水牛在草地上觅食时，草丛中的虫子会被惊扰飞出，如此一来，白鹭就可以吃掉它们。另外，白鹭被水牛驮着也为白鹭节省了捕食的体力。

* 白鹭的嘴非常适合捕食水牛身上的苍蝇等虫子，而且它们在捉苍蝇等虫子的时候非常温柔，所以一点儿也不用担心水牛会生气！

我吃草的时候，你们帮我留意危险，感激不尽！

大家快来，搭便车啦！

吃虫子的嘴

偶尔会偷懒的腿

石斑鱼和章鱼

边游边跳

耶，太好啦！我学会跳舞啦！

摇来晃去的触手

石斑鱼和章鱼并不会一起跳舞，
但是会一起精心谋划捕猎战术！

真糟糕，我的晚饭还没着落。请你用纤细的触手帮我解决这个问题吧。

石斑鱼的舞姿绝妙

是的！我的触手非常适合伸进珊瑚礁里，这样你就有食物吃啦。

蠕动的触手可以到处戳戳戳

如果你不去寻求帮助，你就得不到自己想要的！

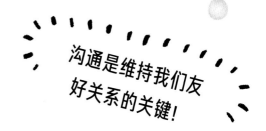

沟通是维持我们友好关系的关键！

靠你追赶小鱼进入珊瑚礁，我才能轻松抓到猎物。

你把小鱼们吓得无处藏身！

我寻求帮助的方式真的很酷！我会先把皮肤的颜色变淡，以引起你的注意。然后，我再倒立摆动尾巴，聪明的你马上就能知道我想说什么。

舞蹈是我们的神奇手语！

有趣的事实

* 石斑鱼和章鱼都喜欢捕食那些生活或躲藏在珊瑚礁裂缝里的小鱼。石斑鱼体形太大，无法进入裂缝，所以它会向章鱼求助，请章鱼用触手去抓捕裂缝里的小鱼。

* 石斑鱼和章鱼之间的默契沟通彰显了它们超高的智力，这甚至可以与黑猩猩媲美！

* 除了章鱼，石斑鱼还有其他朋友，比如海鳗。石斑鱼会用另一种舞蹈让海鳗知道是时候捕猎了——石斑鱼会在海鳗头部附近用力摇头的同时竖起背鳍。

疣猪和条纹狐獴

谢谢你帮我梳妆打扮！

有你这样的朋友是我的幸运。

条纹狐獴（měng）
帮忙梳头

别客气！

时髦的指甲油　粉红色很适合你。

疣猪和条纹狐獴不会互相宠爱，但条纹狐獴会为疣猪梳理毛发!

真的，你们太厉害啦!

谢谢你，兄弟!

但是我希望蹄子也有美甲!

你如果需要梳妆，就来找我们帮忙。我们会吃掉你身上所有的虫子，享用一顿免费大餐!

← 疣状肿块

啊呜! 啊呜!

忙着咀嚼的条纹狐獴

你们是我最喜欢的除虫大师!

有趣的事实

* 疣猪是一种野猪，因脸上长有疣状肿块而得名。

* 条纹狐獴是小型猫科食肉动物。与其他独居的狐獴不同，条纹狐獴通常在多达40位成员的家庭里生活！它们非常喜欢小虫子，尤其喜欢在白蚁堆里安家！

* 疣猪会主动寻找条纹狐獴，邀请它们吃掉自己皮毛上的虫子和其他不速之客。这是疣猪高智商的表现之一。

* 疣猪和条纹狐獴之间的友谊特别珍贵！

疣猪，谢谢你的免费大餐！我要抱抱你！

23

牛椋鸟和大型哺乳动物

铁杆好友

我是牛椋 (liáng) 鸟，在非洲大草原上总能见到我守护朋友的身影，为此我获得了"铁杆好友"勋章！

↑

快乐的太阳

真的，牛椋鸟和我们时刻相伴！

我们给犀牛讲故事……

听着故事进入梦乡

与河马玩游戏……

梳一梳蓬松的尾毛！

非洲草原
特供零食

和长颈鹿一起
吃零食……

我们最喜欢做的事就是和朋友们待在一起!

抱一抱河马

它们不仅总在我们周围溜达,
还会送给我们草原上最有爱的
拥抱。我们很喜欢它们!

实际上，我们不太受欢迎！

我承认我很烦人。

你很擅长清除蜱（pí）虫、死皮和耳垢。

但你也会碰到我的伤口！

请你避开我的伤口好吗？让我的伤口快点愈合吧！

啄个不停的喙

宽宏大量的长颈鹿

对不起……

我只是想检查一下……

26

我们的住址：非洲大草原

有些人可能会说我配不上我的朋友，因为我还以血为食！可是既然大家是朋友，难道不该尊重我的习性吗？

有趣的事实

* 在非洲大草原上，很多大型哺乳动物会请牛椋鸟吃掉它们身上的蜱虫、死皮，以及耳垢！

* 科学家认为牛椋鸟与其他大型哺乳动物的关系是互惠互利的。因为牛椋鸟从大型哺乳动物的身上获得了食物，而大型哺乳动物身上的寄生虫则被牛椋鸟清除了。

* 牛椋鸟也算是"寄生虫"！因为牛椋鸟在吃蜱虫的同时，还会啄食动物伤口的血液，甚至会用喙故意让伤口扩大加深，以便获得源源不断的血液。真自私！

* 牛椋鸟非常适应这种生活方式。一方面，它们的嘴是扁平的，可以给其他动物梳理毛发，甚至拿它们的毛发筑巢；另一方面，牛椋鸟有锋利的爪子，可以让它们牢牢固定在河马等动物光滑的背上。

虾虎鱼和手枪虾

是的，虾虎鱼老兄。
天气真的很好。

海带

鸟蛤壳

海葵

虾虎鱼和手枪虾并不在一起侍弄花草，但是会共享舒适的家！

我们生活在幸福之家中！

我们手枪虾很擅长挖洞，但是我们的视力不好，不擅长察觉危险。而虾虎鱼视力很好，善于发现危险，所以我们会邀请虾虎鱼和我们一起生活。

如果有危险，我们就摇尾巴提醒手枪虾老弟，我们就是这样付"房租"的。而手枪虾老弟会把触角放在我们身上，从而感知是否有危险信号！

有趣的事实

* 虾虎鱼利用手枪虾的洞穴躲避捕食者，保护自己，同时它们也为手枪虾留意周遭环境，警惕危险出现。

* 虾虎鱼在洞穴外游来游去时，手枪虾会把触角放到它们的身上，进而感知虾虎鱼的尾巴是否在抖动，以此判断是否有捕食者出现！

* 手枪虾只在白天和虾虎鱼一起离开洞穴。

* 通常一个洞穴里会有多只手枪虾和虾虎鱼，但也存在只有一只手枪虾和一只虾虎鱼的情况。

* 手枪虾的洞穴修建得很深，大约深0.6米，里面有许多独立房间。

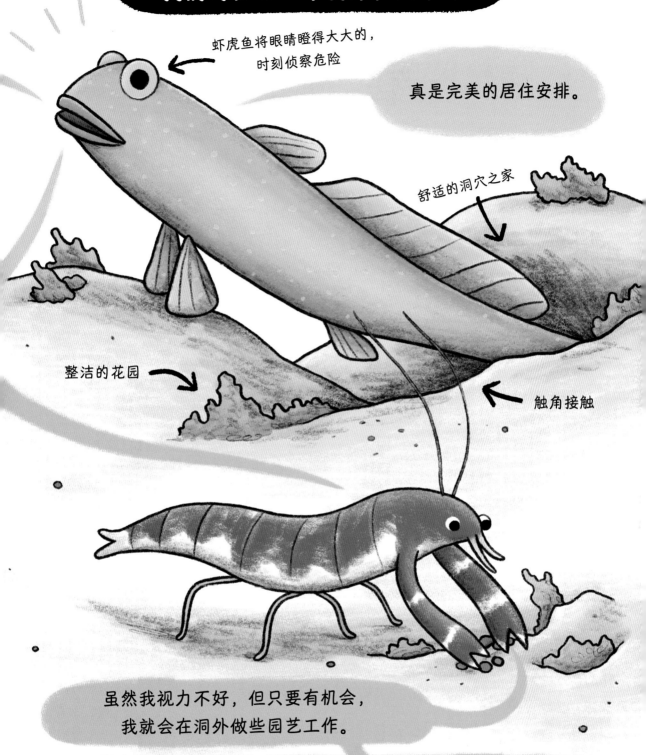

虾虎鱼将眼睛瞪得大大的，
时刻侦察危险

真是完美的居住安排。

舒适的洞穴之家

整洁的花园

触角接触

虽然我视力不好，但只要有机会，
我就会在洞外做些园艺工作。

我喜欢清理洞口的砾石，保持洞口整洁。
我还会吃掉洞口附近的藻类。

啊，没有比家更舒适的地方啦！

动物中的利用者与被利用者

我们是动物王国里的
利用者与被利用者！

在这一节中，你将会看到，有些动物会利用另一些动物，而那些被利用的动物却根本不知道。还有某些动物特别有天赋，它们会通过模仿另一些动物的声音、长相，或者仿建其住所等，让自己有所获益，而另一方也不受影响。

我是响尾蛇，不管是谁，只要听到我尾巴发出的声音就会逃跑。

听到附近有捕食者靠近时，我就会模仿响尾蛇摇尾巴的声音。

这样做通常能帮我逃脱危险。谢谢你，响尾蛇！

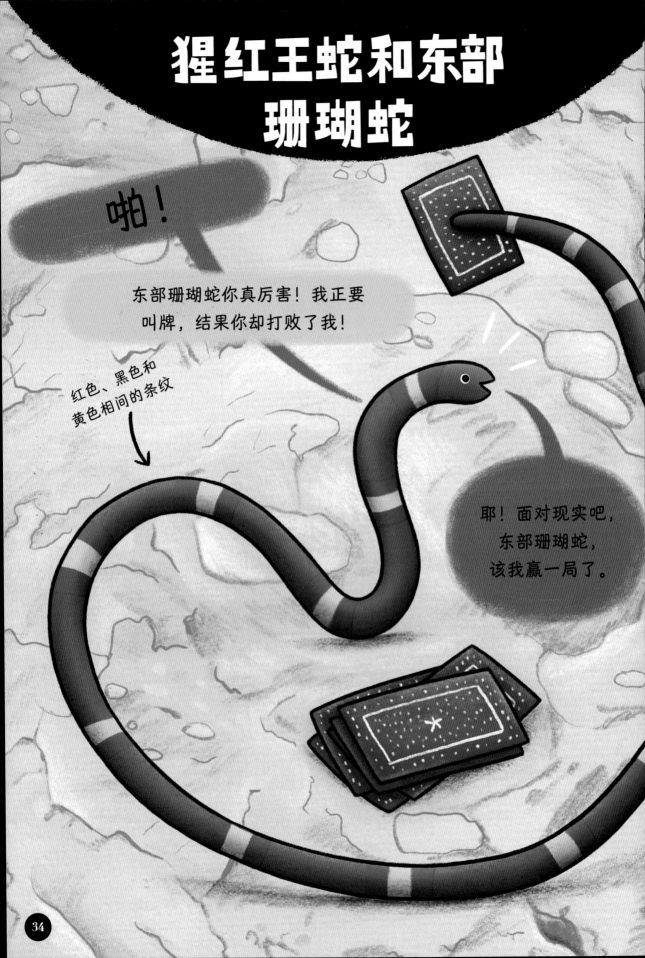

我喜欢这个游戏。红心纸牌和黑桃纸牌
看起来有点儿不同，但是因为数字和图
案相同，所以你还是赢了！超级厉害！

很酷！我们再来一局！

黑色、黄色和
红色相间的条纹

猩红王蛇和东部珊瑚蛇看<u>起来很像</u>，就像红心纸牌和黑桃纸牌很像一样。

没错，通过神奇的进化，我拥有了和东部珊瑚蛇非常相似的颜色！

是的，我们看起来很像！我深感荣幸。

人们很难区分我们，除非他们近距离观察。

无毒的猩红王蛇

当然了，这就是我一开始就模仿你的风格的原因！你有致命毒液，但我完全无毒。如果人们把我错当成你，他们就不敢招惹我了！

有趣的事实

* 东部珊瑚蛇用毒液毒死猎物，猩红王蛇则用身体绞杀猎物。捕猎时，猩红王蛇会缠绕勒紧猎物，直到猎物的血液无法抵达大脑，最终死亡。猩红王蛇对大型捕食者和人类无害，但啮（niè）齿动物、鸟类、蜥蜴、蛋，甚至有一些蛇，都是猩红王蛇的猎物！

* 猩红王蛇与东部珊瑚蛇身上的图案并不完全相同，但确实非常相似！猩红王蛇会模仿东部珊瑚蛇的颜色来保护自己。

* 下面的口诀能帮你分辨哪种是有毒的东部珊瑚蛇，哪种是无毒的猩红王蛇！

天才！

致命的东部珊瑚蛇

红接黄，杀人狂。

红接黑，不必畏。

金豺和老虎

金豺和老虎开茶话会有点儿傻，但金豺确实会吃老虎吃剩下的残渣！

如果你吃不完剩下了，那可太好啦！我知道你的胃口很大……

我比你高大！

我跟着你去吃饭，你可以给我留点儿肉吃！

酒足饭饱

猎物是我抓住的，应该属于我！我可从来没有向你求助。

忘恩负义的老虎

是我提醒你猎物在哪儿的，你应该感谢我。

被忽视的金豺

残羹冷炙

有趣的事实

* 科学家曾发现离开豺群独行的金豺没有足够的狩猎能力，会跟着老虎四处走动。独行的金豺偶尔会提醒猎物出现了，但是，老虎不会主动送给独行的金豺任何东西。

* 在老虎大快朵颐时，只要金豺靠得不太近，老虎就能容忍它。老虎吃饱之后，如果还有吃剩的食物残渣，金豺就会过去吃。

我确定它在学我唱歌。

响尾蛇并不是天才歌手，但穴居猫头鹰确实会模仿响尾蛇的声音！

有趣的事实

* 穴居猫头鹰会模仿响尾蛇发出的声音，从而吓跑捕食者。而响尾蛇并不会受到影响。

* 穴居猫头鹰并不会挖地洞，而是住在其他动物挖的地洞里，比如草原犬鼠的洞穴。响尾蛇也生活在地洞里，和穴居猫头鹰吃的食物类型相同。

* 穴居猫头鹰和响尾蛇的住处大多没有遮蔽，使它们容易受到捕食者捕杀。所以，响尾蛇靠尾巴发出咯咯声吓跑捕食者。

我摇尾巴是为了发出声音恐吓捕食者！

我是响尾蛇，不管是谁，只要听到我尾巴发出的声音就会逃跑……

危险的响尾蛇

我是穴居猫头鹰，我喜欢住在地洞里。

我是一只鸟，我很擅长模仿声音……

受到惊吓的穴居猫头鹰

模仿响尾蛇咯咯的声音

听到附近有捕食者靠近时，我就会模仿响尾蛇摇尾巴的声音。

这样做通常能帮我逃脱危险。哈！谢谢你，响尾蛇！

安然无恙的穴居猫头鹰

别客气，我也没做什么！

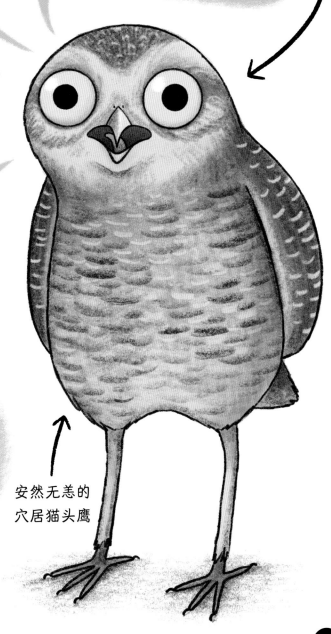

看，那只蠕虫在扭动！
看起来很好吃……

动物中的敌人

我们是动物王国里的敌人！

在动物王国还有一些动物，彼此之间简直就是敌人（有的物种对一个物种真的天生有敌意）。它们中的一方会吃另一方的食物，搬进另一方的家，甚至强迫另一方抚养它们的孩子！

我的头上长着一根私人渔竿！我要让它看起来很像蠕虫，我要模仿蠕虫扭动的样子来捕捉猎物。

我宁愿那条鱼吃了鳖（bì）鱼的诱饵也别吃我！

赞同！我们快离开这里！

蝰鱼和小型海洋生物

你们要开舞会吗？

蝰鱼，你知道的，摆动
是我们的习惯。

我能加入吗？我知道我是个大人
物，但我喜欢你们摆动的样子，
看起来很有趣。可以教教我吗？

来回摆动的小型海洋生物

璧鱼并不会和小型海洋生物跳舞，但是璧鱼会用饵球模仿它们摆动！

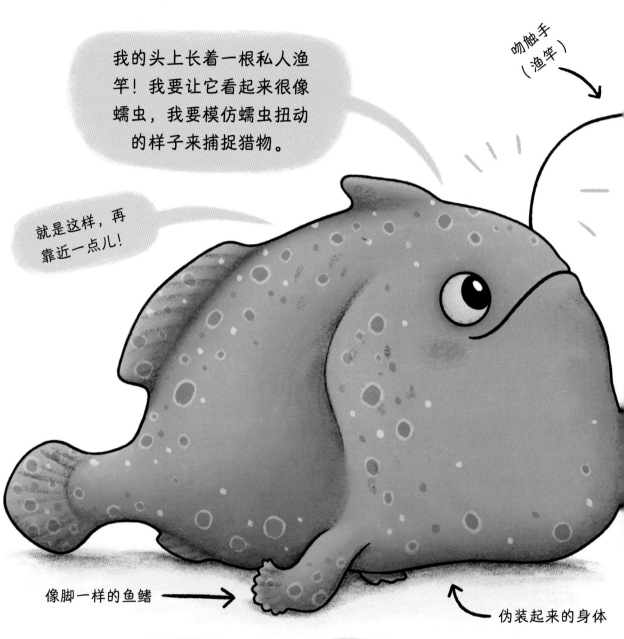

我的头上长着一根私人渔竿！我要让它看起来很像蠕虫，我要模仿蠕虫扭动的样子来捕捉猎物。

就是这样，再靠近一点儿！

吻触手（渔竿）

像脚一样的鱼鳍 ➡️

伪装起来的身体

我宁愿那条鱼吃璧鱼的饵球也别吃我！

赞同！我们快离开这里！

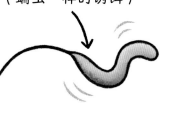

饵球
（蠕虫一样的诱饵）

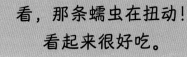

看，那条蠕虫在扭动！
看起来很好吃。

不幸的小鱼

有趣的事实

* 　鮟鱇真的去钓鱼了！鮟鱇有个发冷光的器官，叫作"饵球"。饵球附着在一根叫作"吻触手"的"长棒"上。鮟鱇摆动饵球，使它看起来像小型海洋生物，从而吸引猎物。猎物可能比鮟鱇本身还大哟！猎物误以为鮟鱇的诱饵是它的猎物，等它一靠近鮟鱇，饥饿的鮟鱇就会迅速吃掉它。

* 　鮟鱇诱饵有各种形状，大多数是模仿海洋生物的样子。有些诱饵的形状像蠕虫，有些诱饵的形状像虾，甚至还有些诱饵的形状看起来像小鱼——它们的眼睛和看着像鳍的附器上都有斑点！

* 　鮟鱇身体的其他部分也会伪装，看起来像海绵或被海藻覆盖的岩石。这有助于鮟鱇躲避捕食者，伏击猎物。没有什么能逃过狡猾的鮟鱇！

布谷鸟并不会请求篱雀照顾它的蛋，
而是把蛋偷偷放进篱雀的巢！真没礼貌！

我在不知道真相的情况下傻傻地把布谷鸟的孩子养大了。而布谷鸟完全当起甩手掌柜，根本不抚养孩子！

我不仅享受着篱雀的辛苦投喂，甚至还把篱雀的孩子踢出巢，这样我就可以吃到更多的食物。

我想我天生就这么狡猾！

疲惫的
篱雀妈妈

卑鄙大王

我看你天生就这么贪婪！

有趣的事实

★ 篱雀夫妻离开巢时，布谷鸟就会扑进来。它挪开篱雀的蛋，并换上自己的蛋。篱雀在不知情的情况下将布谷鸟的孩子视如己出，抚养小布谷鸟长大。

★ 布谷鸟蛋和篱雀蛋看起来很不一样。布谷鸟蛋很大而且有斑点，篱雀蛋很小并且呈蓝色。然而，篱雀妈妈仍然接受了，因为篱雀妈妈只是数了蛋的数量，并未注意蛋的外观。

★ 一旦布谷鸟雏鸟孵化出来，就会把篱雀蛋或篱雀幼鸟推出巢，减少它们对食物的争夺。大自然是残酷的，这确保了布谷鸟雏鸟从篱雀妈妈那里得到足够的食物，得以存活下来。

★ 布谷鸟被称为"卑鄙大王"，是因为它们不只针对篱雀，它们还把有斑点的巨大鸟蛋藏在其他鸟类的巢里，比如百灵鸟和林莺！

★ 布谷鸟以其狡猾的伎俩闻名于世。所以，如果其他动物在自然界中也做类似的事情，就会被称为"布谷鸟策略"！

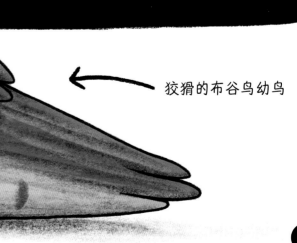

狡猾的布谷鸟幼鸟

如你所见，动物王国里的各种奇妙关系远比我们看到的要复杂，常有很多戏剧性的事情发生！

在动物王国，不同的动物之间，它们有时相处融洽，有时真的会激怒对方。

无论动物是和平相处，还是一方利用另一方，又或者是一方伤害另一方，这些都对地球生态系统的平稳运行和健康发展至关重要。

注：本书所有插图是卡通示意图，不做实际参考。